LE TRAITÉ

DES

NOMBRES POLYGONES

DE

DIOPHANTE D'ALEXANDRIE

(Περὶ πολυγώνων ἀριθμῶν)

Traduction française, avec une introduction

Par Georges MASSOUTIÉ

MACON

PROTAT FRÈRES, IMPRIMEURS

1911

LE TRAITÉ

DES

NOMBRES POLYGONES

DE

DIOPHANTE D'ALEXANDRIE

(Περὶ πολυγώνων ἀριθμῶν)

Traduction française, avec une introduction

Par Georges MASSOUTIÉ

MACON

PROTAT FRÈRES, IMPRIMEURS

—

1911

INTRODUCTION

I

Il est difficile de déterminer d'une manière précise l'époque à laquelle vivait Diophante d'Alexandrie.

Bombelli, dans la préface de son *Algèbre* (Bologne, 1572), le place, mais sans fournir aucune preuve à l'appui, sous le règne d'Antonin le Pieux.

Quelques historiens des mathématiques se sont basés sur un passage de l'*Histoire des Dynasties* d'Aboulfaradj [1], pour faire de Diophante un contemporain de Julien l'Apostat. Mais on peut prouver que cette assertion repose sur une confusion entre le mathématicien grec et un sophiste du même nom qui vivait sous Julien et que Suidas nous donne comme le maître du rhéteur Libanius [2].

Ce qu'on peut affirmer avec certitude, c'est que Diophante est postérieur à Hypsiclès d'Alexandrie (IIe siècle avant J.-C.) qu'il cite à deux reprises dans son *Traité des nombres polygones* [3]. D'autre part, Théon d'Alexandrie (IVe siècle après J.-C.) est le plus ancien auteur qui fasse mention de Diophante [4]. Or, entre Hypsiclès et Théon il y a une différence de cinq siècles environ. Cet écart nous laisserait malheureusement dans une trop grande incertitude, si une indication précieuse ne nous était fournie par Michel Psellus, écrivain byzantin du XIe siècle. Nous pouvons, grâce à un fragment d'une lettre de Psellus [5], admettre que Diophante était contemporain d'Anatolius, évêque de Laodicée (seconde moitié du IIIe siècle), et même le supposer un peu plus âgé que ce dernier.

---

1. *Histoire des Dynasties*. éd. Pococke. Oxford. 1663, p. 89 de la traduction latine.
2. P. Tannery. *A quelle époque vivait Diophante ? Bulletin des sc. mathém.*, 1879).
3. Voir pp. 26 et 27.
4. *Commentaire sur l'Almageste*. éd. Halma, I, p. 111.
5. P. Tannery. *Psellus sur Diophante (Zeitschrift für Math. u. Phys.*. hist. lit. Abt.. 1892, pp. 41-45). Voir aussi Diophante. éd. Tannery. II. pp. 37-39.

Les seuls détails que l'on connaisse sur la vie de Diophante sont contenus dans une des épigrammes arithmétiques de l'*Anthologie grecque*[1], qui nous les donne sous la forme d'un énoncé de problème :

« Cette tombe abrite Diophante. O grande merveille ! elle fait connaitre mathématiquement le nombre d'années qu'il a vécu. Dieu lui octroya le sixième de sa vie pour son enfance ; il ajouta un douzième pour que ses joues se couvrissent de barbe. Après lui avoir encore accordé un septième, il fit brûler pour lui les torches nuptiales et au bout de cinq ans de mariage lui donna un fils. Hélas ! unique et malheureux enfant, la mort le frappa, alors qu'il venait d'atteindre la moitié de l'âge auquel son père est parvenu. Pendant quatre années encore, ce dernier adoucit son chagrin par l'étude des nombres et arriva ainsi au terme de sa vie. »

Cette épigramme nous apprend que Diophante s'est marié à trente-trois ans, que son fils est mort à quarante-deux ans, et lui-même à quatre-vingt-quatre ans.

Diophante nous a laissé deux ouvrages. Le premier a pour titre Ἀριθμητικά (*Arithmétiques*); il comprenait treize livres, dont six seulement nous sont parvenus. L'autre est intitulé Περὶ πολυγώνων ἀριθμῶν (*Des nombres polygones*), traité dont nous donnons plus loin la première traduction française.

Les *Arithmétiques*, œuvre principale de Diophante, forment un vaste recueil de problèmes. La plupart sont des questions indéterminées dont il s'agit de trouver une solution en nombres rationnels. On voit par là que l'analyse indéterminée de Diophante diffère de la nôtre qui s'attache aux solutions entières. Bien que l'auteur, dans la presque totalité des problèmes, se contente d'une solution unique, il est juste cependant de reconnaitre que ses méthodes sont au fond générales et permettent de trouver d'autres solutions.

On rencontre aussi dans les *Arithmétiques* des problèmes déterminés conduisant à des équations du premier degré à une et à plusieurs inconnues, ainsi qu'à des équations du second degré à deux termes. De plus, si dans la partie de l'ouvrage qui nous a été conservée, on ne trouve pas, ainsi que le promet Diophante dans son préambule, la manière de résoudre l'équation du second degré à trois termes, néanmoins, dans les derniers livres, l'auteur la suppose connue [1]. Enfin, dans le problème 17 du livre VI, Diophante arrive à l'équation du troisième degré $x^2 + 2x + 3 = x^3 + 3x - 3x^2 - 1$, dont il donne la solution réelle unique $x = 4$, mais sans indiquer la façon dont il l'obtient [2].

Cet ouvrage, qui nous donne une haute idée du génie mathématique de Diophante, fut commenté vers la fin du IVe siècle par la célèbre Hypatie [3], fille de Théon d'Alexandrie.

Après elle, commence dans l'Empire grec une longue période durant laquelle Diophante tombe pour ainsi dire dans l'oubli. Cette période s'étendra du Ve siècle jusqu'à l'époque où vivait Maxime Planude [4], qui nous a laissé un commentaire sur les deux premiers livres des *Arithmétiques*.

Négligé par les Byzantins, faute peut-être d'être compris par eux, Diophante fut par contre étudié et traduit [5] par les Arabes. En particulier, l'illustre astronome Aboul Wafa, qui vivait au Xe siècle, composa deux ouvrages, l'un intitulé *Commentaire de l'ouvrage de Diophante sur l'algèbre* ; l'autre, *Démonstrations des théorèmes employés par Diophante dans son ouvrage, et de ceux employés par (Aboul Wafa) lui-même dans le commentaire* [6]. Il est profondément regrettable que ces deux écrits ne nous soient point parvenus. Par eux, en effet, nous aurions pu savoir si Aboul Wafa avait eu sous les yeux les treize livres des *Arithmétiques*, et, dans ce cas, acquérir des données précises sur la matière des sept livres perdus.

L'œuvre de Diophante fut connue en Occident relativement tard, à une époque où l'algèbre était depuis longtemps étudiée. Le premier qui en ait fait mention est l'Allemand Regiomontanus. Cet astronome, pendant un séjour qu'il fit à Venise en 1464, eut l'occasion de voir un manuscrit de Diophante et fit part de sa décou-

---

1. Voir, par exemple, le problème, IV.39. Nous adoptons comme numérotage des problèmes celui de l'édition de Tannery.

2. Il est probable que Diophante a procédé de la manière suivante. L'équation peut s'écrire $x^3 + x = 4x^2 + 4$ ou $x(x^2 + 1) = 4(x^2 + 1)$: en divisant les deux membres par $x^2 + 1$, on trouve $x = 4$.

3. Suidas, v. Ὑπατία.

4. Né à Nicomédie vers 1260, mort à Constantinople vers 1310.

5. Casiri. *Bibliotheca arabico-hispana Escurialensis*. I. p. 370. Madrid. 1760.

6. Woepcke, dans le *Journal asiatique*. février-mars 1855. — *Fihrist*. éd. Suter. p. 39. — Casiri. I. p. 433. — Aboulfaradj *Histoire des Dynasties*. p. 222 cite également le premier ouvrage.

verte à Bianchini, astronome du duc de Ferrare[1]. Toutefois, Bombelli est le premier qui l'ait réellement fait connaître. En effet, ce savant italien a incorporé dans le troisième livre de son *Algèbre* tous les problèmes des quatre premiers livres des *Arithmétiques* de Diophante et même quelques-uns du cinquième.

Il nous reste maintenant à dire quelques mots des éditions successives des œuvres de Diophante.

En 1575, Guillaume Xylander, professeur à Heidelberg, publia la première traduction latine de ce qui nous reste de Diophante, avec les commentaires de Planude sur les deux premiers livres.

C'est à Bachet de Méziriac, l'un des fondateurs de l'Académie française, que nous sommes redevables de la première édition du texte grec. Cette édition parut en 1621, accompagnée d'une nouvelle traduction latine et de savants commentaires qui l'ont rendue célèbre[2].

Elle fut d'ailleurs réimprimée en 1670 par les soins de Samuel Fermat, fils de l'illustre géomètre Pierre Fermat, avec les précieuses observations que son père avait consignées en marge d'un exemplaire du *Diophante* de Bachet.

En 1893, Paul Tannery a publié dans la collection Teubner une édition critique du texte grec. Il a pris pour base de son admirable travail, qui a donné satisfaction à tous les philologues, le plus ancien manuscrit que l'on connaisse, le *Matritensis* 48, du xiiie siècle.

Les six livres des *Arithmétiques* ont été traduits en français ou plutôt paraphrasés, les quatre premiers par Simon Stevin[3], et les deux autres par Albert Girard[4].

Les œuvres de Diophante ont été aussi traduites en langue allemande, le *Traité des nombres polygones*, par Poselger (Leipzig, 1810), les *Arithmétiques* par O. Schulz (Berlin, 1822). A son tour,

---

1. Ch. Th. de Murr. *Memorabilia Bibliothecarum publicarum Norimbergensium et universitatis Altdorfinæ*, I. p. 135, Nuremberg. 1786.

2. Cet important ouvrage a pour titre : *Diophanti Alexandrini Arithmeticorum libri sex. et de numeris multangulis liber unus. Nunc primum græce et latine editi, atque absolutissimis commentariis illustrati. Auctore Claudio Gaspare Bacheto Meziriaco Sebusiano. V. C. Lutetiæ Parisiorum, sumptibus Sebastiani Cramoisy, via Jacobæ. sub Ciconiis. M.DC.XXI. Cum privilegio Regis.*

3. *L'Arithmétique de Simon Stevin de Bruges.* Leyde, 1585.

4. *L'Arithmétique de Simon Stevin de Bruges.* Édition revue par Albert Girard, Leyde. 1625.

G. Wertheim a donné (Leipzig, 1890) une traduction complète, accompagnée de nombreuses notes explicatives.

Citons, pour terminer, la savante étude sur Diophante de T. L. Heath (Cambridge, 1910).

II

Nous allons exposer la théorie des nombres polygones, afin de préparer le lecteur à l'étude du Traité de Diophante.

Considérons les progressions arithmétiques commençant à l'unité et dont les raisons sont respectivement 1, 2, 3, ..., r ; nous aurons le tableau suivant :

1,	2,	3.	4,	5,	6,	......	n,
1,	3,	5.	7,	9,	11,	......	$2n-1$,
1,	4,	7.	10,	13,	16,	......,	$3n-2$,
1,	5,	9,	13,	17,	21,	......	$4n-3$,
»	»	»	»	»	»	......	» »
»	»	»	»	»	»	......	» »
»	»	»	»	»	»	......,	» »
1,	$1+r$,	$1+2r$,	$1+3r$,	$1+4r$,	$1+5r$,	......,	$1+(n-1)r$.

Par définition, la somme des n premiers termes de chaque progression représente un *nombre polygone*. Quand $r = 1$, cette somme est un triangle ; puis, pour $r = 2, 3, 4$, etc., cette somme représente un carré, un pentagone, un hexagone, etc. D'une façon générale, dans la progression de raison r, on voit que la somme de n termes représente un $(r + 2)$-*gone*.

Nous montrerons plus loin que les nombres polygones sont susceptibles d'une représentation géométrique à l'aide de polygones réguliers. C'est d'ailleurs cela qui leur a valu le nom de nombres polygones.

Si l'on désigne par a le nombre des angles qui figurent dans la dénomination du polygone, nous aurons évidemment, d'après nos définitions,

$$a = r + 2, \text{ ou encore } r = a - 2.$$

D'après tout ce que nous venons de dire, on voit qu'un nombre polygone quelconque est fonction des deux quantités a et n. Cette dernière, qui indique le rang du nombre polygone, a reçu le nom de *côté* du polygone. Nous observerons, en passant, que tout nombre à partir de 3 est polygone de côté 2; car, si l'on examine la seconde colonne du tableau, on voit qu'un nombre, tel que 5, est égal à la somme des deux premiers termes de la ligne au-dessus de la sienne. Cette propriété est énoncée d'une façon explicite par Diophante au début de son Traité.

Pour représenter un nombre polygone de a angles et de côté n, nous adopterons la notation suivante P_n^a.

La formule connue

$$S_n = \frac{n\,[2 + (n-1)\,r]}{2} = n + r\,\frac{n\,(n-1)}{2}$$

devient avec les nouvelles notations

$$(1) \qquad P_n^a = n + (a - 2)\,\frac{n\,(n-1)}{2}\,,$$

formule générale des nombres polygones.

Remarquons que l'égalité évidente $S_{n+1} - S_n = 1 + nr$ nous permet d'écrire le résultat suivant, qui nous sera fort utile pour justifier la représentation géométrique des nombres polygones,

$$P_{n+1}^a - P_n^a = 1 + (a - 2)\,n,$$

ou

$$(2) \qquad P_{n+1}^a = P_n^a + 1 + (a - 2)\,n.$$

Revenons maintenant à la formule (1). Pour $a = 3$, on a

$$P_n^3 = \frac{n\,(n+1)}{2}\,,$$

formule générale des nombres triangles.

La formule (1) peut alors s'écrire

$$(3) \qquad P_n^a = n + (a - 2)\,P_{n-1}^3,$$

et l'on a le théorème suivant :

Tout polygone est égal à son côté n, augmenté d'autant de fois le triangle de côté n — 1 qu'il y a d'unités dans le nombre de ses angles diminué de deux.

Si dans la formule (3) nous changeons a en $a + 1$, il vient

$$(4) \qquad P_n^{a+1} = n + (a-1)\, P_{n-1}^3 ;$$

retranchons (4) et (3) membre à membre, nous trouvons

$$P_n^{a+1} - P_n^{a} = P_{n-1}^3 ,$$

c'est-à-dire

$$(5) \qquad P_n^{a+1} = P_n^{a} + P_{n-1}^3 .$$

Cette dernière formule peut s'interpréter ainsi :

Dans la série croissante des polygones de même côté n, un quelconque d'entre eux est égal à celui qui le précède, augmenté du triangle de côté n — 1 ; autrement dit, tous les polygones de même côté n sont les termes d'une progression arithmétique dont la raison est le triangle de côté n — 1.

Cette proposition était connue de Nicomaque de Gérase (Voir page 13).

Nous allons maintenant parler de la représentation géométrique des nombres polygones.

Si l'on considère une *suite* de polygones réguliers de a angles, homothétiques par rapport à l'un des sommets, et contenant 2, 3, 4, ..., n points placés à égale distance sur les côtés, on obtient une représentation géométrique du nombre P_n^a par l'*ensemble* des points.

Nous allons le vérifier à l'aide de la figure suivante, où nous avons supposé $a = 5$, uniquement pour fixer les idées. Les numéros d'ordre 1, 2, 3, ..., n, $n + 1$ indiquent le *côté* de chaque polygone (ici, de chaque pentagone) ou, comme on peut s'en rendre compte immédiatement par la figure, le *rang* de chaque polygone à partir de 1. Le point O représente le premier polygone réduit à un point.

Supposons que le nombre P_n^a soit représenté par l'ensemble des points de la figure O A B C D, je dis que P_{n+1}^a est représenté par l'ensemble des points de la figure O E F G H. En effet, l'excès du nombre des points de O E F G H sur celui de O A B C D est égal au nombre des points situés sur la ligne brisée E F G H. Comptons-les. Tout d'abord les lignes E F, F G, G H comprises dans l'angle X O Y sont évidemment au nombre de $a - 2$. Ensuite, en parcourant E F G H, on trouve en E un point, puis successivement autant de fois n points qu'il y a de *traits pleins*, c'est-à-dire $a - 2$ fois. Donc le nombre des points de la figure O E F G H est égal à

$$P_n^a + 1 + (a - 2) n,$$

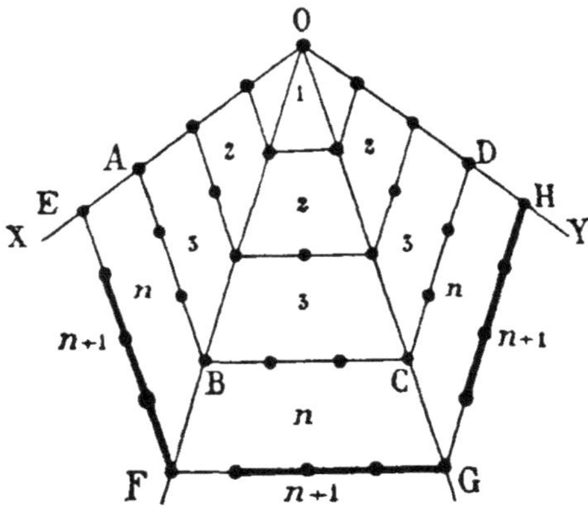

c'est-à-dire, en vertu de la formule (2), à P_{n+1}^a. La représentation géométrique est donc justifiée.

Il nous reste à traiter les deux problèmes suivants.

Problème I. — *Étant donné un nombre polygone de a angles, calculer son côté n.*

On part de la formule

$$P_n^a = n + (a - 2) \frac{n (n - 1)}{2},$$

où l'on suppose P_n^a et a donnés, et n inconnu. On voit, d'après la nature même de la question, que n est solution entière et positive de l'équation du second degré

$$(a-2)\,n^2 - (a-4)\,n - 2\,P_n^a = 0.$$

On tire de là, en rejetant la racine négative,

$$n = \frac{a-4 + \sqrt{(a-4)^2 + 8\,P_n^a\,(a-2)}}{2\,(a-2)}.$$

Remarque. — Puisque n est entier, la quantité $8\,P_n^a\,(a-2) + (a-4)^2$, placée sous le radical, est nécessairement égale à un carré. Pour obtenir la valeur explicite de ce carré, isolons le radical dans la formule précédente. Il vient

$$\sqrt{8\,P_n^a\,(a-2) + (a-4)^2} = (2\,n-1)\,(a-2) + 2\,;$$

élevons ensuite au carré les deux membres, nous trouvons

$$8\,P_n^a\,(a-2) + (a-4)^2 = [(2\,n-1)\,(a-2) + 2]^2.$$

La formule équivalente

$$8\,S_n\,r + (r-2)^2 = [(2\,n-1)\,r + 2]^2,$$

que Diophante démontre directement (Prop., IV), doit, avec quelque vraisemblance, avoir été découverte par des considérations analogues aux précédentes.

Problème II. — *Étant donné un nombre, trouver de combien de manières il peut être polygone.*

Il s'agit de déterminer le côté n du polygone et le nombre a de ses angles.

Méthode de Bachet. — Soit A le nombre proposé. Le problème revient à résoudre en nombres entiers positifs l'équation indéterminée à deux inconnues n et a

$$(1) \qquad A = n + (a-2)\,\frac{n\,(n-1)}{2}.$$

Supposons que $n = 1$; on trouve $A = 1$. Ce cas ne donne rien d'intéressant, car il faudrait supposer que le nombre proposé fût précisément l'unité.

Si $n = 2$ est solution, on a

$$A = 2 + (a - 2)\,\frac{2\,(2 - 1)}{2}\;,\; \text{c'est-à-dire } A = a.$$

Cette solution $n = 2$, $a = A$ est à conserver. Elle était d'ailleurs à prévoir, car nous savons que tout nombre A est un A-gone de côté 2.

Si $n = 3$ est solution, alors

$$A = 3 + (a - 2)\,\frac{3\,(3 - 1)}{2} = 3\,(a - 1).$$

Pour que ce cas se présente, il faut et il suffit évidemment que A soit un multiple de 3. Si donc $A = 3p = 3\,(a - 1)$, on aura $a = p + 1$. Exemple : $21 = 3 \times 7, p = 7$; $a = 7 + 1$, $n = 3$. Donc 21 est un octogone de côté 3.

Enfin si $n > 3$ est solution, on a alors $n < \dfrac{n\,(n - 1)}{2}$. Cette dernière inégalité et l'équation (1) nous permettent de considérer n comme le reste de la division de A par $\dfrac{n\,(n - 1)}{2}$, et $a - 2$ comme le quotient de cette même division. D'autre part, $\dfrac{n\,(n - 1)}{2}$ est le triangle de côté $n - 1$. On est donc conduit à diviser le nombre A par les triangles qui lui sont inférieurs, le premier diviseur étant 6. Toutes les fois qu'une de ces divisions donnera un reste supérieur d'une unité au *côté* du triangle diviseur, le nombre proposé sera un polygone, dont le côté sera égal au reste de la division et le nombre des angles au quotient augmenté de 2. C'est ainsi que l'on reconnaît que 36 est à la fois triangle et carré. Il est également 13-gone et 36-gone ; ces deux derniers résultats étant obtenus directement en faisant $n = 3$ et $n = 2$ dans l'équation (1).

III

Les nombres polygones étaient connus bien avant Diophante. Il semble très probable que les premières recherches remontent à

Pythagore et à ses disciples. Elles furent incontestablement continuées par les mathématiciens de l'Académie. Philippe d'Oponte, disciple de Platon, avait composé un traité des nombres polygones[1], qui malheureusement ne nous est point parvenu. Il faut également déplorer la perte du petit livre intitulé *Sur les nombres pythagoriques*, qu'avait écrit Speusippe, neveu de Platon, et dans lequel il traitait des nombres polygones[2].

Hypsiclès d'Alexandrie, auteur d'un traité sur les solides réguliers, qui figure ordinairement dans les éditions des *Éléments* d'Euclide comme quatorzième livre, a donné une définition des nombres polygones que Diophante nous a conservée. C'est d'ailleurs celle que nous avons donnée et qu'admettent deux écrivains postérieurs à Hypsicles, Nicomaque et Théon de Smyrne.

Nicomaque de Gérase (Ier siècle après J.-C.), philosophe néo-pythagoricien, a laissé une *Introduction arithmétique* en deux livres. Cet ouvrage d'un caractère élémentaire, destiné à initier le lecteur aux connaissances arithmétiques que devait posséder tout esprit cultivé, a joui dès l'antiquité d'une grande réputation, qui s'est continuée au moyen âge grâce à la traduction libre qu'en a donnée Boèce.

Dans le second livre de son *Introduction*, Nicomaque a consacré quelques pages aux nombres polygones.

Après avoir successivement défini les triangles, les carrés, les pentagones, etc., l'auteur forme (chapitre XII) le tableau suivant :

Triangles	1	3	6	10	15	21	28	36	45	55
Carrés	1	4	9	16	25	36	49	64	81	100
Pentagones	1	5	12	22	35	51	70	92	117	145
Hexagones	1	6	15	28	45	66	91	120	153	190
Heptagones	1	7	18	34	55	81	112	148	189	235

puis il observe :

1° Que tout carré est égal au triangle situé au-dessus de lui, augmenté du triangle de la colonne précédente ; que tout pentagone est égal au carré situé au-dessus de lui, augmenté du triangle de la colonne précédente ; et d'une façon générale, que tout polygone est

---

1. Suidas, v. φιλόσοφος.

2. Voir la compilation anonyme intitulée *Théologoumènes arithmétiques* (éd. Ast, Leipzig, 1817, p. 61)

égal au polygone situé immédiatement au-dessus de lui, augmenté du triangle de la colonne précédente ;

.2° Que chaque colonne forme une progression arithmétique dont la raison est le triangle de la colonne précédente.

Tels sont les principaux résultats relatifs à la théorie des nombres polygones que l'on trouve, mais sans démonstration, dans *l'Introduction arithmétique* de Nicomaque.

Théon de Smyrne (IIe siècle après J.-C.), dans la partie arithmétique de son *Exposé des connaissances mathématiques utiles pour la lecture de Platon*, aborde également la question des nombres polygones. Comme Nicomaque, il les définit successivement ; mais son exposition est moins complète. Il se contente en effet d'énoncer sans démonstration la propriété suivante : la somme de deux triangles consécutifs est un carré. Ce résultat, qui se traduit par la formule $\dfrac{n\,(n-1)}{2} + \dfrac{n\,(n+1)}{2} = n^2$, n'est qu'un cas particulier de la proposition générale que nous a fait connaître Nicomaque.

Alors que ces deux derniers auteurs se bornent à envisager successivement les divers polygones, Diophante traite de ces nombres d'une façon tout à fait générale. Il part de la notion du nombre polygone le plus général et formule ensuite des propositions et des règles qui renferment tous les cas relatifs à chaque espèce de polygones.

Dans son petit Traité, Diophante se propose évidemment de substituer à la définition d'Hypsiclès celle qui résulte de la propriété que $8\,\mathrm{P}_n^a\,(a-2) + (a-4)^2$ est un carré[1]. Mais cette définition peut paraître mal choisie, car la réciproque, ainsi que l'a remarqué Bachet[2], n'est vraie que pour les triangles et les carrés. Supposons, par exemple, $a = 5$. On a bien $8.7\,(5-2) + 1 = $ un carré, et cependant 7 n'est pas un pentagone.

Pour faire ses démonstrations, Diophante, contrairement à la façon dont il procède dans ses *Arithmétiques*[3], représente les

---

1. Le cas des triangles donne $8\,\mathrm{P}_n^3 + 1 = $ un carré. Cette propriété des triangles était connue de Plutarque (*Plat. quæst.*, V, 2). Diophante en a fait usage dans son problème IV, 38.

2. Diophante, *De multang. numeris*, p. 20.

3. Sauf dans le problème V, 10.

nombres par des segments de droite, ainsi que l'a fait Euclide dans ses livres arithmétiques. L'introduction de ces segments ne donne aux raisonnements aucun caractère géométrique. Elle équivaut à la représentation moderne des nombres par des lettres ; mais elle est assurément moins commode, comme on peut s'en rendre compte en lisant la traduction. C'est pourquoi nous avons cru devoir, pour faciliter la lecture de certaines parties de l'ouvrage, mettre dans une première colonne le texte même de la traduction, et en regard, dans une seconde colonne, l'interprétation en langage algébrique moderne des calculs segmentaires.

Paris, juillet 1911.

LE TRAITÉ

DES

NOMBRES POLYGONES

DE

DIOPHANTE D'ALEXANDRIE

—————

Dans la progression arithmétique commençaut à l'unité et de raison 1, tout nombre à partir de 3 est un polygone, le premier de son espèce après l'unité. Le nombre de ses angles est égal à celui de ses unités ; et son côté est le nombre qui vient immédiatement après l'unité, c'est-à-dire 2. Ainsi 3 sera un triangle, 4 un carré, 5 un pentagone, et ainsi de suite.

De même que l'on sait que les carrés proviennent de la multiplication d'un nombre quelconque par lui-même, de même il est reconnu que le produit de tout polygone par un certain nombre dépendant du nombre de ses angles, augmenté d'un certain carré dépendant également du nombre des angles, est un carré[1]. Nous démontrerons cette proposition. Nous ferons voir en outre comment on trouve un polygone, le côté en étant donné, et, inversement, comment on obtient le côté d'un polygone donné. Mais auparavant nous démontrerons les propositions dont nous avons besoin.

———— ————

Proposition I.

Dans une progression arithmétique de trois termes, huit fois le produit du plus grand terme par le moyen, plus le carré du plus petit, est égal au carré ayant pour côté la somme du plus grand et du double du moyen[2].

1. Diophante a ici en vue la propriété $8 P (a - 2) + (a - 1)^2 =$ un carré.
2. Soient a le plus grand terme, b le moyen, c le plus petit ; on a $8 ab + c^2 = (a + 2b)^2$.

Soient en effet trois nombres AB, BC, BD en progression arithmétique[1]. Il faut montrer que

$$8\,\text{AB.BC} + \overline{\text{BD}}^2 = (\text{AB} + 2\,\text{BC})^2.$$

En effet, on a[2]

$$8\,\text{AB.BC} = 8\,\overline{\text{BC}}^2 + 8\,\text{AC.BC},$$

et, par suite, en divisant par 2

$$4\,\text{AB.BC} = 4\,\overline{\text{BC}}^2 + 4\,\text{AC.BC};$$

de sorte que

$$8\,\text{AB.BC} = 4\,\text{AB.BC} + 4\,\overline{\text{BC}}^2 + 4\,\text{AC.BC}.$$

Or, puisque AC = CD, on a

$$4\,\text{AC.BC} + \overline{\text{BD}}^2 = 4\,\text{BC. CD} + \overline{\text{BD}}^2;$$

mais[3]

$$4\,\text{BC.CD} + \overline{\text{BD}}^2 = \overline{\text{AB}}^2.$$

Il faut donc chercher comment

$$\overline{\text{AB}}^2 + 4\,\text{AB.BC} + 4\,\overline{\text{BC}}^2 = \text{un carré.}$$

Si nous posons AE = BC, nous transformerons $4\,\text{AB.BC}$ en $4\,\text{AB.AE}$. Nous aurons alors, puisque $4\,\overline{\text{BC}}^2 = 4\,\overline{\text{AE}}^2$,

$$4\,\text{AB.AE} + 4\,\overline{\text{AE}}^2 = 4\,\text{BE.AE.}$$

Or[3]

$$4\,\text{BE.AE} + \overline{\text{AB}}^2 = (\text{BE} + \text{AE})^2.$$

---

1. Dans la traduction, nous avons substitué aux lettres grecques les romaines de même rang, en supprimant la lettre ϛ.
2. Puisque AB = BC + AC.
3. Euclide, II, 8.

Mais

$$BE + AE = AB + 2\,AE = AB + 2\,BC.$$

Ce qu'il fallait démontrer.

Proposition II.

Dans une progression arithmétique composée d'un nombre quel-conque de termes, la différence du plus grand terme et du plus petit est un multiple de la raison exprimé par le nombre des termes moins un [1].

Soit un nombre quelconque de termes AB, BC, BD, BE en pro-gression arithmétique. Il faut prouver que AB — BE est un mul-tiple de AB — BC exprimé par le nombre des termes considérés moins un.

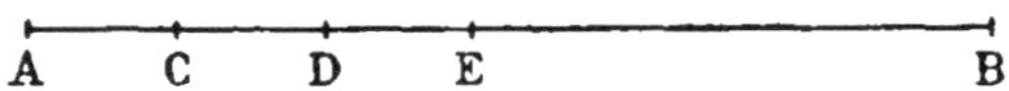

Puisqu'on suppose AB, BC, BD, BE en progression arithmétique, on a

$$AC = CD = DE.$$

EA est donc un multiple de AC exprimé par le nombre des termes AC, CD, DE. Mais le nombre des termes AC, CD, DE est inférieur d'une unité au nombre des termes AB, BC, BD, BE. Ainsi EA est un multiple de AC exprimé par le nombre des termes de la pro-gression moins un. Mais EA est la différence du plus grand et du plus petit, et AC est la raison.

Proposition III.

Si des nombres sont en progression arithmétique, le produit de la somme du plus grand et du plus petit par le nombre des termes est égal au double de la somme des termes [2].

---

1. Soient a le premier terme. l le plus grand. r la raison et n le nombre des termes ; on aura alors $l — a = \overline{n — 1}\,r$.

2. C'est-à-dire, en désignant par S la somme des termes, $\overline{l + a}\,n = 2\,S$.

Soit en effet un nombre quelconque de termes A, B, C, D, E, F en progression arithmétique; il faut prouver que le produit de la somme A + F par le nombre des termes A, B, C, D, E, F est égal au double de la somme A + B + C + D + E + F.

Le nombre des termes A, B, C, D, E, F est pair ou impair.

Soit d'abord un nombre pair de termes; posons GH égal au nombre des termes. Ainsi GH est pair. Partageons-le en deux parties égales en K. Puis divisons GK en ses unités par les points L et M.

Puisque

$$F - D = C - A,$$

on a donc

$$F + A = C + D.$$

Mais

$$F + A = (F + A) . GL;$$

donc

$$C + D = (F + A) . LM.$$

Pour la même raison

$$E + B = (F + A) . MK;$$

donc

$$A + B + C + D + E + F = (F + A) . GK.$$

Mais

$$2 (F + A) . GK = (F + A) . GH.$$

Donc

$$2 (A + B + C + D + E + F) = (F + A) . GH;$$

mais GH est le nombre des termes de la progression. Ce qu'il fallait démontrer.

Avec les mêmes hypothèses, soit maintenant un nombre impair de termes A, B, C, D, E.

Prenons FG égal au nombre des termes A, B, C, D, E. FG est donc impair. Soit FH une unité de FG. Partageons HG en deux parties égales en K et divisons HK en ses unités par le point L.

Puisque

$$E - C = C - A,$$

on a donc

$$E + A = 2\,C = 2\,C.LK.$$

Pour la même raison

$$B + D = 2\,C\,.\,HL.$$

De sorte que

$$A + E + B + D = 2\,C\,.\,HK.$$

Mais

$$2\,.\,HK = HG\,;$$

par conséquent

$$A + E + B + D = C.\,HG.$$

De plus

$$C = C\,.\,FH\,;$$

donc

$$A + B + C + D + E = C.\,FG.$$

Mais

$$2\,C\,.\,FG = (A + E)\,.\,FG.$$

Donc

$$2 (A + B + C + D + E) = (A + E) . FG ;$$

mais FG est le nombre des termes. Ce qu'il fallait démontrer.

Proposition IV.

Dans une progression arithmétique commençant à l'unité et d'un nombre quelconque de termes, le produit de la somme des termes par huit fois la raison, plus le carré de la raison diminuée de 2, est un carré dont le côté diminué de 2 est un multiple de la raison exprimé par le double du nombre des termes moins un [1].

Soient AB, CD, EF les termes qui dans la progression arithmétique viennent après l'unité. Je dis que la proposition énoncée est vraie.

$$1 + r,\ 1 + 2\,r,\ 1 + 3\,r,\ldots$$

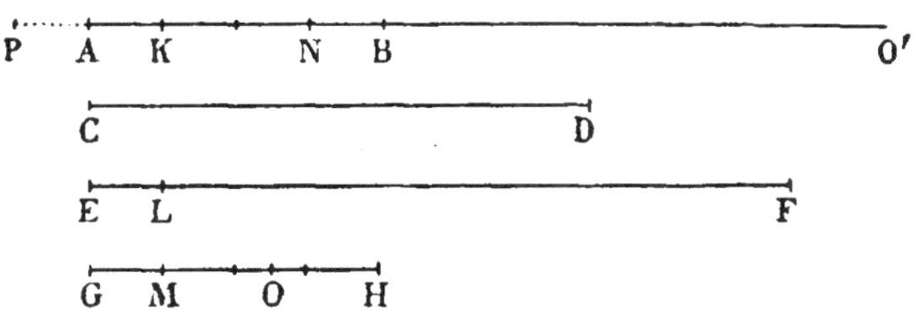

Prenons GH égal au nombre des termes de la progression.

$$GH = n$$

Puisque [2]

$$EF - 1 = (AB - 1)\,(GH - 1),$$

$$l - 1 = (\overline{1 + r} - 1)\,(n - 1)$$

si nous prenons

$$AK = EL = GM = 1,$$

LF sera égal à un multiple de KB exprimé par MH. En d'autres termes, on aura

$$LF = KB . MH.$$

$$l - 1 = r\,(n - 1)$$

Si maintenant nous prenons KN = 2, nous aurons à chercher si le produit de la somme des termes par 8 KB (c'est-à-dire par 8 fois la raison), plus le carré de NB (c'est-à-

$$S.\ 8r + (r - 2)^2 = [(2\,n - 1)\,r + 2]^2$$

---

1. Il faut démontrer que $S.\ 8r + (r - 2)^2 = [(2\,n - 1)\,r + 2]^2$.
2. Proposition II.

dire de la raison diminuée de 2), est un carré dont le côté diminué de 2 est un multiple de la raison KB exprimé par GM + HM.

La somme des termes est[1]

$$\frac{1}{2}\,(FE + EL)\,GH.$$

$$\frac{1}{2}\,(l + 1)\,n$$

Mais

$$(FE + EL)\,GH = LF.GH + 2\,EL.GH = LF.GH + 2\,GH;$$

$$(l + 1)\,n = (l - 1)\,n + 2.1.n = (l - 1)\,n + 2\,n$$

par suite, la somme des termes est

$$\frac{1}{2}\,(LF.GH + 2\,GH).$$

$$\frac{1}{2}\,[(l - 1)\,n + 2\,n]$$

Mais on a démontré que

$$LF = KB.MH;$$

$$l - 1 = r\,(n - 1)$$

donc

$$LF.GH = KB.MH.GH;$$

$$(l - 1)\,n = r\,(n - 1)\,n$$

donc la somme des termes est

$$\frac{1}{2}\,(KB.MH.GH + 2\,GH).$$

$$S = \frac{1}{2}\,[r\,(n - 1)\,n + 2\,n]$$

Par conséquent, si nous partageons MH en deux parties égales en O, la somme des termes sera égale à

$$KB.GH.HO + GH.$$

$$rn\,\frac{n - 1}{2} + n$$

Nous avons donc à chercher si

$$(KB.GH.HO + GH).8\,KB + \overline{NB}^2$$

est un carré.

$$\left[rn\,\frac{n - 1}{2} + n\right].8\,r + (r - 2)^2$$

Mais

$$KB.GH.HO.KB = GH.HO.\overline{KB}^2;$$

$$rn.\,\frac{n - 1}{2}.\,r = n.\,\frac{n - 1}{2}.\,r^2$$

donc

$$KB.GH.HO.8\,KB = GH.HO.8\,\overline{KB}^2$$

$$rn.\,\frac{n - 1}{2}.\,8\,r = n.\,\frac{n - 1}{2}.\,8\,r^2$$

$$= 8\,GH.HO.\overline{KB}^2 = 4\,GH.HM.\overline{KB}^2.$$

$$= 8\,n.\,\frac{n - 1}{2}.\,r^2 = 4\,n\,(n - 1)\,r^2$$

Nous chercherons si

$$4\,GH.HM.\overline{KB}^2 + GH.8\,KB + \overline{NB}^2$$

est un carré.

$$4\,n\,(n - 1)\,r^2 + n.\,8\,r + (r - 2)^2$$

Mais

$$GH.\,8\,KB = 8\,GH.KB.$$

$$n.\,8\,r = 8\,nr$$

<hr>

1. Proposition III.

Nous chercherons maintenant si

$$4\,GH.HM.\overline{KB}^2 + 8\,GH.KB + \overline{NB}^2$$

est un carré.

Mais

$$8\,GH.KB = 4\,GM.KB$$
$$+ 4\,(GH + HM)\,KB.$$

Nous chercherons donc si

$$4\,GH.HM.\overline{KB}^2 + 4\,GM.KB$$
$$+ 4\,(GH + HM)\,KB + \overline{NB}^2$$

est un carré.

Mais

$$4\,GM.KB = 2\,NK.KB,$$

et [1]

$$2\,NK.KB + \overline{NB}^2 = \overline{KB}^2 + \overline{KN}^2.$$

Nous chercherons donc si

$$4\,GH.HM.\overline{KB}^2 + 4\,(GH + HM)\,KB$$
$$+ \overline{KB}^2 + \overline{KN}^2$$

est un carré.

Mais

$$\overline{KB}^2 = \overline{GM}^2.\overline{KB}^2,$$

et [2]

$$\overline{GM}^2.\overline{KB}^2 + 4\,GH.HM.\overline{KB}^2$$
$$= (GH + HM)^2\,\overline{KB}^2.$$

Nous chercherons donc si

$$(GH + HM)^2\,\overline{KB}^2$$
$$+ 4\,(GH + HM)\,KB + \overline{KN}^2$$

est un carré.

Si nous posons

$$(GH + HM)\,KB = NO',$$

on aura, ainsi que nous le démontrerons plus loin,

$$(GH + HM)^2\,\overline{KB}^2 = \overline{NO'}^2.$$

Nous chercherons donc si

$$\overline{NO'}^2 + \overline{KN}^2 + 4\,(GH + HM)\,KB$$

est un carré.

Mais

$$4\,(GH + HM)\,KB = 4\,NO',$$

$$4\,n\,(n-1)\,r^2 + 8\,nr + (r-2)^2$$

$$8\,nr = 4.1.r + 4\,(n + \overline{n-1})\,r$$

$$4\,n\,(n-1)\,r^2 + 4.1.r$$
$$+ 4\,(n + \overline{n-1})\,r + (r-2)^2$$

$$4.1.r = 2.2.r$$

$$2.2.r + (r-2)^2 = r^2 + 2^2$$

$$4\,n\,(n-1)\,r^2 + 4\,(n + \overline{n-1})\,r$$
$$+ r^2 + 2^2$$

$$r^2 = 1^2.r^2$$

$$1^2.r^2 + 4\,n\,(n-1)\,r^2$$
$$= (n + \overline{n-1})^2\,r^2$$

$$(n + \overline{n-1})^2\,r^2 + 4\,(n + \overline{n-1})\,r + 2^2$$

$$(n + \overline{n-1})\,r = A$$

$$(n + \overline{n-1})^2\,r^2 = A^2$$

$$A^2 + 2^2 + 4\,(n + \overline{n-1})\,r$$

$$4\,(n + \overline{n-1})\,r = 4\,A$$

1. Euclide, II, 7.
2. Euclide, II, 8.

puisqu'on a posé
$$(GH + HM) KB = NO';$$
et
$$4 NO' = 2 NO'.NK,$$
puisqu'on a posé $NK = 2$.

Nous chercherons donc si
$$\overline{NO'}^2 + \overline{NK}^2 + 2 NO'.NK$$
est un carré.

Mais cette expression est le carré de
$$O'K.$$

Or $O'K$, diminué de $NK = 2$, est égal à NO', c'est-à-dire à un multiple de la raison KB exprimé par $GH + HM$. Mais cette **somme** est le double du nombre des **termes** moins un.

$$4 A = 2. A. 2$$

$$A^2 + 2^2 + 2.A.2$$

$$A + 2$$

$$A + 2 = [(2 n - 1) r + 2]$$

Lemme dont la démonstration avait été différée [1]. — Soient

$$a = GH + HM, \quad b = KB, \quad c = (GH + HM) KB.$$

Je dis que le produit $(GH + HM)^2 . \overline{KB}^2$, c'est-à-dire $a^2 \times b^2$, est égal à c^2.

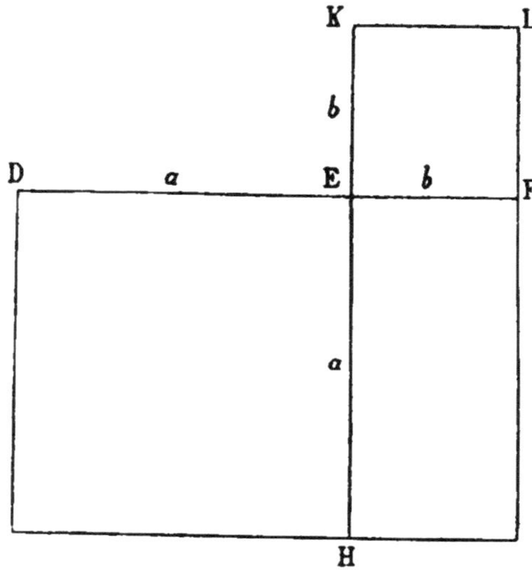

1. Il s'agit de prouver que $x^2 y^2 = (xy)^2$.

Prenons en ligne droite DE $= a$ et EF $= b$. Construisons sur eux les carrés DH, EL et complétons la figure par le parallélogramme HF. Donc[1]

$$DE : EF = \overline{DH} : \overline{HF},$$

et

$$HE : EK = \overline{HF} : \overline{EL}.$$

Par conséquent le parallélogramme HF est moyen proportionnel entre les carrés DH, FK ; donc

$$\overline{DH} \cdot \overline{FK} = \overline{HF}^2.$$

Mais le carré DH est égal au carré de GH $+$ HM, et le carré FK au carré de KB. Enfin le parallélogramme HF est égal à NO$'$. Donc

$$(GH + HM)^2 \cdot \overline{KB}^2 = \overline{NO'}^2.$$

Les propositions précédentes étant démontrées, nous disons ceci :

Dans toute progression arithmétique commençant à l'unité et d'un nombre quelconque de termes, la somme des termes est un polygone, dont le nombre des angles est égal à la raison augmentée de 2, et dont le côté est le nombre des termes.

Nous avons en effet démontré que le produit de la somme des termes par 8 KB, plus $\overline{NB}^2$, est égal à $\overline{O'K}^2$. Si nous prenons encore une unité AP, nous aurons KP $= 2$. Nous avons aussi KN $= 2$. Par conséquent les nombres PB, BK, BN sont en progression arithmétique ; donc 8 fois le produit du plus grand PB et du moyen BK, plus le carré du plus petit BN est un carré dont le côté est égal à la somme du plus grand PB et du double du moyen BK. Donc

$$PB \cdot 8\,KB + \overline{NB}^2 = (PB + 2\,KB)^2,$$

carré dont le côté diminué de PK $= 2$, donne un reste égal à 3 KB, c'est-à-dire à un multiple de KB exprimé par 3 : et

$$3 + 1 = 2 \cdot 2.$$

1. Euclide, VI, 1.

La somme des termes résout donc le même problème que PB ; mais PB est arbitraire et il est après l'unité le premier polygone de son espèce (puisque AP est l'unité et AB le second terme) et son côté est 2. Par suite, la somme des termes est un polygone, dont le nombre des angles est égal à PB, c'est-à-dire à la raison plus PK $= 2$, et dont le côté sera GH, c'est-à-dire le nombre des termes [1].

On a donc démontré la définition qu'Hypsiclès a donnée des polygones, à savoir :

Dans toute progression arithmétique commençant à l'unité et d'un nombre quelconque de termes, la somme des termes est un triangle, si la raison est 1 ; un carré, si la raison est 2 ; un pentagone, si la raison est 3. Le nombre des angles est égal à la raison augmentée de 2, et le côté est le nombre des termes.

Par suite, puisqu'on a un triangle quand la raison est 1, le côté du triangle est égal au plus grand terme ; de plus le produit du plus grand terme par le nombre qui lui est supérieur d'une unité est le double du triangle considéré.

Puisque PB a autant d'angles qu'il contient d'unités, et que son produit par 8 fois le nombre qui lui est inférieur de 2 unités (c'est-à-dire par 8 fois la raison KB), plus le carré du nombre qui lui est inférieur de 4 unités (c'est-à-dire $\overline{NB}^2$), est un carré, on aura cette définition des polygones :

Le produit de tout polygone par huit fois le nombre des angles diminué de 2, plus le carré du nombre inférieur de 4 unités au nombre des angles, est un carré.

1. Voici la marche suivie par Diophante dans son raisonnement. Soit la progression

$$1, 1 + r, 1 + 2r, \ldots\ldots, 1 + (n - 1)\, r,$$

on a (Prop. IV)

$$(1) \qquad 8\, S_n\, r + (r - 2)^2 = [(2\,.\,n - 1)\, r + 2]^2.$$

Considérons maintenant les trois nombres $r - 2$, r, $r + 2$ en progression arithmétique de raison 2, on a (Prop. I)

$$8\, (r + 2)\, r + (r - 2)^2 = [(r + 2) + 2\, r]^2 = (3r + 2)^2,$$

ou

$$(2) \qquad 8\, (r + 2)\, r + (r - 2)^2 = [(2\,.\,2 - 1)\, r + 2]^2.$$

En comparant les formules (1) et (2), on voit que S_n et $r + 2 = S_2$ sont sous la dépendance de la même loi. Par suite, puisque $r + 2$ est un polygone de $r + 2$ angles, S_n est aussi un polygone de $r + 2$ angles.

Ayant démontré cette nouvelle définition des polygones en même temps que celle d'Hypsiclès, nous ferons voir comment, étant donné le côté d'un polygone, on trouve ce polygone.

Le côté GH d'un polygone et le nombre de ses angles étant donnés, KB sera aussi donné. De même (GH + HM) KB, c'est-à-dire NO′, sera donné, et par suite KO′, puisque NK = 2. Ainsi $\overline{KO}^3$ est donné, et par conséquent la différence $\overline{KO}^2 - \overline{NB}^2$. Or cette différence est un multiple du polygone cherché exprimé par 8 KB. Nous pourrons ainsi trouver le polygone demandé.

Nous trouverons de la même manière le côté GH d'un polygone donné. Ce qu'il fallait démontrer.

A ceux qui désirent comprendre facilement les questions que nous avons résolues par des procédés méthodiques, nous indiquerons une manière d'opérer plus appropriée à l'enseignement :

Prenons le côté du polygone, doublons-le, retranchons l'unité du résultat ; multiplions le reste par le nombre des angles diminué de 2, ajoutons 2 au produit. Prenons le carré de cette somme, retranchons-en le carré du nombre qui est inférieur de 4 unités au nombre des angles, et divisons le reste par 8 fois le nombre des angles diminué de 2. Nous aurons le polygone cherché.

A son tour, le polygone étant donné, voici comment nous trouverons son côté :

Multiplions-le par 8 fois le nombre des angles diminué de 2, ajoutons au produit le carré du nombre qui est inférieur de 4 unités au nombre des angles, nous trouverons un carré, si le nombre proposé est un polygone. Du côté de ce carré retranchons 2, divisons le reste par le nombre des angles diminué de 2, ajoutons l'unité au quotient, et prenons la moitié de cette somme. Nous aurons le côté du polygone cherché [1].

[1]. On a, d'après la nouvelle définition des nombres polygones,

$$\text{P} . 8\,(a - 2) + (a - 4)^2 = [(2\,n - 1)\,(a - 2) + 2]^2.$$

On tire de là

$$\text{P} = \frac{[(2\,n - 1)\,(a - 2) + 2]^2 - (a - 4)^2}{8\,(a - 2)},$$

$$n = \frac{1}{2}\left[\frac{\sqrt{\text{P} . 8\,(a - 2) + a - 4^2} - 2}{a - 2} + 1\right].$$

Problème.

Étant donné un nombre, trouver de combien de manières il peut être polygone.

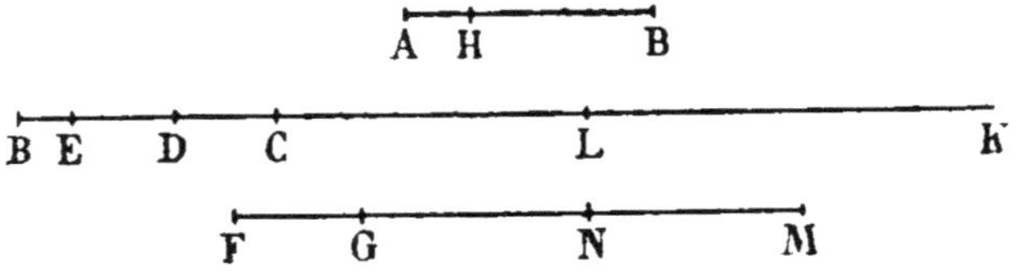

Soient AB un nombre donné et BC le nombre de ses angles.

Sur BC prenons CD $= 2$ et CE $= 4$.

Puisque AB est un polygone et que BC est le nombre de ses angles,

$$8\,AB.BD + \overline{BE}^2$$

est égal à un carré.

Soit FG le côté de ce carré, on a

$$\overline{FG}^2 = 8\,AB.BD + \overline{BE}^2.$$

Sur AB prenons AH $= 1$, on a

$$8\,AB.BD = 4\,AH.BD$$
$$+ 4\,(AB + BH)\,BD.$$

Posons

$$4\,(AB + BH) = DK\,;$$

on aura alors

$$4\,(AB + BH)\,BD = KD.DB.$$

De plus

$$4\,AH.BD = 2\,BD.DE,$$

puisque ED $= 2$.

Donc

$$\overline{FG}^2 = KD.DB + 2\,BD.DE + \overline{BE}^2.$$

Mais [1]

$$2\,BD.DE + \overline{BE}^2 = \overline{BD}^2 + \overline{DE}^2\,;$$

donc

$$\overline{FG}^2 = KD.DB + \overline{BD}^2 + \overline{DE}^2.$$

$$AB = P \qquad BC = a$$

$$BD = a - 2 \qquad BE = a - 4$$

$$8\,P\,(a - 2) + (a - 4)^2$$

$$FG = k$$

(1) $\quad k^2 = 8\,P\,(a - 2) + (a - 4)^2$

$$BH = P - 1$$

$$8\,P\,(a - 2) = 4.1.\,(a - 2)$$
$$+ 4\,(P + \overline{P - 1})\,(a - 2)$$

$$4\,(P + \overline{P - 1}) = 2\,m$$

$$4\,(P + \overline{P - 1})\,(a - 2) = 2\,m\,(a - 2)$$

$$4.1.\,(a - 2) = 2\,(a - 2).2$$

(2) $\quad k^2 = 2\,m\,(a - 2) + 2\,(a - 2).2$
$$+ (a - 4)^2$$

$$2\,(a - 2).2 + (a - 4)^2 = (a - 2)^2 + 2^2$$

(3) $\quad k^2 = 2\,m\,(a - 2) + (a - 2)^2 + 2^2$

---

1. Euclide, II. 7.

Mais

$$\mathrm{KD.DB} + \overline{\mathrm{BD}}^2 = \mathrm{KB.BD} ;$$

donc

$$\overline{\mathrm{FG}}^2 = \mathrm{KB.BD} + \overline{\mathrm{DE}}^2.$$

Maintenant, puisque

$$\mathrm{DK} = 4\,(\mathrm{AB} + \mathrm{BH}),$$

on a

$$\mathrm{DK} > 4\,\mathrm{AH} > 4 ;$$

de plus, puisque

$$\mathrm{DC} = 2,$$

on aura

$$\mathrm{CK} > \mathrm{CD}.$$

Par conséquent le point milieu de DK tombera entre C et K ; soit en L. On aura alors

$$\mathrm{KB.BD} = \overline{\mathrm{BL}}^2 - \overline{\mathrm{LD}}^2.$$

En effet, puisque DK est divisé en deux parties égales en L et que DB est le prolongement de DK, on aura [1]

$$\mathrm{KB.BD} + \overline{\mathrm{LD}}^2 = \overline{\mathrm{LB}}^2 ;$$

donc

$$\overline{\mathrm{LB}} - \overline{\mathrm{LD}}^2 = \mathrm{KB.BD}.$$

Ainsi

$$\overline{\mathrm{FG}}^2 = \overline{\mathrm{BL}}^2 - \overline{\mathrm{LD}}^2 + \overline{\mathrm{DE}}^2.$$

Ajoutons $\overline{\mathrm{DL}}^2$ aux deux membres, il vient

$$\overline{\mathrm{FG}}^2 + \overline{\mathrm{DL}}^2 = \overline{\mathrm{BL}}^2 + \overline{\mathrm{DE}}^2.$$

Mais si la somme de deux nombres est égale à celle de deux autres nombres, les différences qui résultent de la transposition des termes seront aussi égales ; donc

$$\overline{\mathrm{LD}}^2 - \overline{\mathrm{DE}}^2 = \overline{\mathrm{LB}}^2 - \overline{\mathrm{FG}}^2.$$

$$2\,m\,(a - 2) + (a - 2)^2 = (2\,m + a - 2)(a - 2)$$

$$(4)\quad k^2 = (2\,m + a - 2)(a - 2) + 2^2$$

$$\mathrm{DL} = \tfrac{1}{2}\,\mathrm{DK} = m$$

$$[\mathrm{BL} = \mathrm{DL} + \mathrm{BD} = m + a - 2]$$

$$(2\,m + a - 2)(a - 2) = (m + a - 2)^2 - m^2$$

$$(2\,m + a - 2)(a - 2) + m^2 = (m + a - 2)^2$$

$$(m + a - 2)^2 - m^2 = (2\,m + a - 2)(a - 2)$$

$$(5)\quad k^2 = (m + a - 2)^2 - m^2 + 2^2$$

$$(6)\quad k^2 + m^2 = (m + a - 2)^2 + 2^2$$

$$(7)\quad m^2 - 2^2 = (m + a - 2)^2 - k^2$$

---

1. Euclide, II, 6.

Maintenant, puisque ED = DC et que CL est le prolongement de EC, on aura [1]

$$EL.LC + \overline{CD}^2 = \overline{DL}^2.$$

Donc

$$\overline{LD}^2 - \overline{DE}^2 = \overline{LD}^2 - \overline{DC}^2$$
$$= EL.LC = \overline{LB}^2 - \overline{FG}^2.$$

Posons

$$FM = BL.$$

(BL est > FG. En effet, on a démontré que

$$\overline{FG}^2 + \overline{DL}^2 = \overline{BL}^2 + \overline{DE}^2.$$

Mais $\overline{DL}^2$, étant $> \overline{DC}^2$, est $> \overline{DE}^2$; donc $\overline{BL}^2$ est $> \overline{FG}^2$.

Posons donc

$$FM = BL).$$

On aura

$$\overline{FM}^2 - \overline{FG}^2 = EL.LC.$$

Maintenant, puisque

$$DK = 4 (AB + BH),$$

et qu'il est divisé en deux parties égales en L, on aura

$$DL = 2 (AB + BH).$$

Or

$$DC = 2 AH;$$

par conséquent on aura

$$LC = 2 (2 BH) = 4 BH,$$

ou

$$BH = \frac{1}{4} LC.$$

Mais

$$AH = \frac{1}{4} EC;$$

ajoutons, il vient

$$AB = \frac{1}{4} EL.$$

Mais on a démontré que

$$BH = \frac{1}{4} LC;$$

$$[EL = DL + DE = m + 2$$
$$CL = DL - DC = m - 2]$$

$$(m + 2)(m - 2) + 2^2 = m^2$$

$$m^2 - 2^2$$
$$(8) \quad = (m + 2)(m - 2) = (m + a - 2)^2 - k^2$$

$$FM = m + a - 2$$

$$(m + a - 2)^2 - k^2 = (m + 2)(m - 2)$$

$$2m = 4 (P + \overline{P - 1})$$

$$m = 2 (P + \overline{P - 1})$$

$$2 = 2.1 = 2 (P - \overline{P - 1})$$

$$m - 2 = 2 [2 (P - 1)] = 4 (P - 1)$$

$$P - 1 = \frac{1}{4} (m - 2)$$

$$1 = \frac{1}{4} \cdot 4$$

$$P = \frac{1}{4} (m + 2)$$

$$P - 1 = \frac{1}{4} (m - 2)$$

---

1. Euclide, II, 6.

donc

$$AB . BH = \frac{1}{16} EL . LC,$$

et

$$EL . LC = 16 AB . BH.$$

Mais on a démontré que

$$EL . LC = \overline{MF}^2 - \overline{FG}^2 ;$$

donc

$$16 AB . BH = \overline{MF}^2 - \overline{FG}^2$$
$$= \overline{GM}^2 + 2 FG . GM.$$

Ainsi

$$16 AB . BH = \overline{GM}^2 + 2 FG . GM.$$

Par conséquent GM est pair. Partageons-le en deux parties égales en N.....

$$P (P - 1) = \frac{1}{16} (m + 2) (m - 2)$$

$$(m + 2) (m - 2) = 16 P (P - 1)$$

$$(m + 2) (m - 2) = (m + a - 2)^2 - k^2$$

$$(9) \quad 16 P (P - 1) = (m + a - 2)^2 - k^2$$
$$= (m + a - 2 - k)^2 + 2 k (m + a - 2 - k)$$

$$(10) \quad 16 P (P - 1) = (m + a - 2 - k)^2$$
$$+ 2 k (m + a - 2 - k)$$

NOTE

Sur le problème final.

G. Wertheim a fait une reconstitution de la suite de ce problème [1]. Il est parvenu, après de longs calculs segmentaires [2], à un résultat qu'on peut traduire par la formule

$$2P = n [(a - 2) (n - 1) + 2].$$

Voici comment on peut résoudre, à l'aide de cette formule, le problème proposé.

Remarquons tout d'abord que pour $a \geqslant 3$, on a

$$n < (a - 2) (n - 1) + 2.$$

Représentons alors le nombre donné par A. Décomposons le double de ce nombre, soit 2A, de toutes les manières possibles en

---

1. *Zeitschrift für Math. u. Phys.*, hist. lit. Abt., 1897, pp. 121-126.
2. La partie reconstituée est aussi étendue que le fragment qui nous a été conservé.

un produit de deux facteurs quelconques *inégaux*. Excluons la décomposition 1.2A comme inutile. Considérons alors le plus petit des deux facteurs obtenus comme représentant le côté n. Diminuons ensuite le plus grand facteur de deux unités et divisons le reste obtenu par le côté diminué de 1, c'est-à-dire par $n - 1$. Si cette division se fait exactement, le quotient augmenté de 2 sera égal au nombre des angles du polygone, et la décomposition considérée sera *utile*. Un nombre A est donc polygone autant de fois qu'il donne lieu à des décompositions *utiles* relativement au nombre 2 A. Parmi ces dernières, il en est une qui se présente toujours : celle qui correspond au couple de facteurs 2 et A. Dans ce cas, on a les valeurs $n = 2$ et $a = A$. Elles étaient à prévoir, puisque tout nombre A est un A-gone de côté 2.

L'authenticité de ce problème a été mise en doute. Paul **Tannery**, qui, avant Wertheim, avait également assigné le même but aux calculs de l'auteur du fragment[1], estime que le texte du problème n'appartient pas au *Traité des nombres polygones*. Ce serait, d'après lui, un malencontreux essai d'addition d'un auteur incapable de démontrer un procédé dont il ne connaissait sans doute que l'énoncé.

Nous pouvons faire remarquer, à l'appui de la thèse de l'inauthenticité, que Diophante n'avait certes pas besoin de faire d'aussi longs calculs pour aboutir à la formule

$$2\,\mathrm{P} = n\left[(a - 2)\,(n - 1) + 2\right].$$

En effet, il avait obtenu, au cours de la démonstration de sa Proposition IV (voir page 22), l'expression

$$\mathrm{S} = \frac{1}{2}\left[r\,(n - 1)\,n + 2\,n\right].$$

Il lui était dès lors facile de passer de ce dernier résultat au précédent, puisqu'il démontre plus loin que $\mathrm{S} = \mathrm{P}$ et que $r = a - 2$.

---

1. *Sur la date des principales découvertes de Fermat* (*Bull. des sc. mathém.*, 1883).

9 782013 626460